もくじ 数・量・図形1ねん

もののかぞえかた

かずの かぞえかた

おにぎり	かさ	なんじ	なんぷん	人（ひと）
1つ（ひと）	1こ（いっ）	1ぽん	1じ（いち）	1ぷん（いっ）	1人（ひとり）
2つ（ふた）	2こ（に）	2ほん（に）	2じ（に）	2ふん（に）	2人（ふたり）
3つ（みっ）	3こ（さん）	3ぽん（さん）	3じ（さん）	3ぷん（さん）	3人（さんにん）
4つ（よっ）	4こ（よん）	4ほん（よん）	4じ（よ）	4ぷん（よん）4ふん（よん）	4人（よにん）
5つ（いつ）	5こ（ご）	5ほん（ご）	5じ（ご）	5ふん（ご）	5人（ごにん）
6つ（むっ）	6こ（ろっ）	6ぽん（ろっ）6ほん（ろく）	6じ（ろく）	6ぷん（ろっ）	6人（ろくにん）
7つ（なな）	7こ（なな）	7ほん（なな）	7じ（しち）	7ふん（なな）	7人（ななにん）7人（しちにん）
8つ（やっ）	8こ（はち）8こ（はっ）	8ほん（はち）8ぽん（はっ）	8じ（はち）	8ぷん（はち）8ぷん（はっ）	8人（はちにん）
9つ（ここの）	9こ（きゅう）	9ほん（きゅう）	9じ（く）	9ふん（きゅう）	9人（くにん）9人（きゅうにん）
10（とお）	10こ（じっ）10こ（じゅっ）	10ぽん（じっ）10ぽん（じゅっ）	10じ（じゅう）11じ（じゅういち）12じ（じゅうに）	10ぷん（じっ）10ぷん（じゅっ）	10人（じゅうにん）

いろいろな かぞえかた

かみ 1まい　　のうと 1さつ　　とり 1わ　　ねこ 1ぴき
くるま 1だい　　じゅうす 1ぱい　　うし 1とう

月　日

なかまづくり

／100てん

1 したの えを みて、こたえましょう。1つ20〔100てん〕

❶ とりの なかまと うさぎの なかまを
それぞれ ◯ で かこみましょう。

❷ うえの えと おなじだけ いろを
ぬりましょう。

❸ いちばん かずが おおい
ものに ◯を つけましょう。

なかまづくり

／100てん

1 えと おなじ かずだけ ○に いろを
ぬりましょう。

1つ20〔40てん〕

❶

❷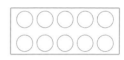

2 せんで むすんで かずを くらべ、おおい
ほうに ○を つけましょう。

1つ20〔60てん〕

❶

❷

❸

こたえは
63ページ

2

／100てん

1 うえと したの かずが おなじ ものを せんで むすびましょう。

1つ5〔20てん〕

❶ ●● 　　❷ ●●● 　　❸ ●●●● 　　❹ ●●●●●

2 つぎの すうじの かずだけ ○に いろを ぬりましょう。

1つ10〔50てん〕

❶ 1 ○○○○○ 　　❷ 2 ○○○○○

❸ 3 ○○○○○ 　　❹ 4 ○○○○○

❺ 5 ○○○○○

3 かずを かぞえて、すうじを かきましょう。

1つ10〔30てん〕

❶ 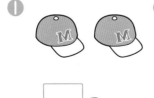 　　❷  　　❸

 こ 　　 こ 　　□ わ

こたえは
63ページ

5までの　かず

／100てん

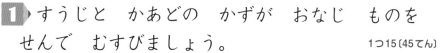

1 すうじと　かあどの　かずが　おなじ　ものを
せんで　むすびましょう。

1つ15〔45てん〕

① 　4　　・
② 　1　　・
③ 　3　　・

あ ●
い ●●●
う ●●●●

2 □に　あてはまる　すうじを　かきましょう。

〔15てん〕

1　□　3　□　5

3 おおきい　ほうに　○を　つけましょう。

1つ10〔40てん〕

① ●●●　　●●●●●
（　）　　（　）

② 　4　　　1
（　）　　（　）

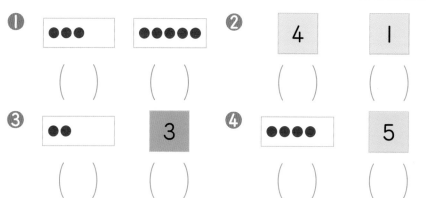

③ ●●　　3
（　）　　（　）

④ ●●●●　　5
（　）　　（　）

こたえは
63ページ

10までの かず

／100てん

1 うえと したの かずが おなじ ものを
せんで むすびましょう。

1つ10〔40てん〕

① ●●●●●
　● 　

② ●●●●●
　●● 　

③ ●●●●●
　●●● 　

④ ●●●●●
　●●●● 　

・　　　　　・　　　　　・　　　　　・

　　・　　　　　・　　　　　・　　　　　　　　・

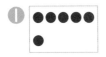あ
い
う
え

2 つぎの すうじの かずだけ ◯に いろを
ぬりましょう。

1つ10〔30てん〕

6 ◯◯◯◯◯◯◯◯◯◯

8 ◯◯◯◯◯◯◯◯◯◯

10 ◯◯◯◯◯◯◯◯◯◯

3 かずを かぞえて、すうじを かきましょう。

1つ10〔30てん〕

①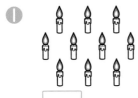
　☐ ぽん

②
　☐ さつ

③
　☐ こ

10までの かず

1 すうじと かあどの かずが おなじ ものを
せんで むすびましょう。

1つ10〔30てん〕

① 7　　② 6　　③ 9

あ ●●●●● ●

い ●●●●● ●●

う ●●●●● ●●●●

2 □に あてはまる すうじを かきましょう。

〔30てん〕

| 10 | 9 | | 7 | 6 | | | 3 |

3 おおきい ほうに ○を つけましょう。

1つ10
〔40てん〕

①

（　）　（　）

② 7　　10
（　）　（　）

③

8
（　）　（　）

④

6
（　）　（　）

こたえは
64ページ

きほん 4　0と いう かず

/100てん

1 うえと したの かずが おなじ ものを
せんで むすびましょう。

1つ10〔30てん〕

① □　　② 　　③

・　　　　　　　・　　　　　　　・

・

 ㋐　　 ㋑　　 ㋒

2 つぎの すうじの かずだけ ○に いろを
ぬりましょう。

1つ10〔20てん〕

| 7 | ○○○○○○○○○○○○ |
| 0 | ○○○○○○○○○○○○ |

3 えを みて かずを かきましょう。

1つ10〔50てん〕

① 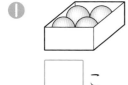　② 　③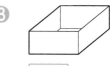

 こ　　 こ　　 こ

④  　⑤

0と いう かず

／100てん

1 すうじと かあどの かずが おなじ ものを
せんで むすびましょう。

1つ10〔30てん〕

❶ 3　　　　❷ 6　　　　❸ 0

・　　　　　・　　　　　・

・　　　　　・　　　　　・

ⓐ □　　　ⓘ 　　　ⓤ

2 □に あてはまる すうじを かきましょう。

〔20てん〕

□　1　□　3　4　□　6　□

3 かずを ちいさい じゅんに ならべましょう。

❶

1つ25〔50てん〕

 0　8　5　　　(　→　　→　　)

❷
7　10　2　4

(　→　　→　　→　　)

こたえは
64ページ

なんばんめ ①

/100てん

1▶ ○を　つけましょう。　　　　　　　　　1つ10〔20てん〕

❶　まえから　3ばんめ

［まえ］［うしろ］

❷　みぎから　3ばんめ

［ひだり］［みぎ］

2▶ えを　みて、こたえましょう。　　　　　1つ16〔80てん〕

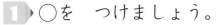

［ひだり］　うさぎ　りす　ぶた　きつね　ねこ　さる　［みぎ］

❶　うさぎは　ひだりから　なん
　　ばんめですか。　　　　　　　（　　　　　　ばんめ）

❷　きつねは　ひだりから　なん
　　ばんめですか。　　　　　　　（　　　　　　ばんめ）

❸　ねこは　みぎから　なんばん
　　めですか。　　　　　　　　　（　　　　　　ばんめ）

❹　ぶたは　みぎから　なんばん
　　めですか。　　　　　　　　　（　　　　　　ばんめ）

❺　ひだりから　5ばんめの
　　どうぶつは　なんですか。　　（　　　　　　）

10ぷん

なんばんめ ①

／100てん

1 えを　みて、こたえましょう。　　1つ20〔40てん〕

[ひだり]

[みぎ]

ひな　　そら　　まお　　ひろと　　ゆか　　だいき　　あき

❶　ひろとさんは　ひだりから
なんばんめですか。　　　　　（　　　　　ばんめ）

❷　まおさんは　みぎから
なんばんめですか。　　　　　（　　　　　ばんめ）

2 えを　みて、こたえましょう。　1つ20〔60てん〕

❶　いぬは　うえから
なんばんめですか。

（　　　　　ばんめ）

ねずみ
たぬき
いぬ
らいおん
ぱんだ

❷　したから
2ばんめの　どうぶつは
なんですか。

（　　　　　　　　　）

❸　たぬきは　うえから　なんばんめですか。また、
したから　なんばんめですか。

うえから　□　ばんめ、したから　□　ばんめ

こたえは
64ページ

6

なんばんめ ②

／100てん

1 よく よんで、いろを ぬりましょう。 1つ20〔40てん〕

❶　まえから 4だいの くるまに いろを
ぬりましょう。

❷　まえから 4ばんめの くるまに いろを
ぬりましょう。

2 えを みて、こたえましょう。 1つ20〔60てん〕

❶　ひよこは まえから
なんばんめから いますか。 （　　　ばんめ）

❷　にわとりは まえから
なんわ いるでしょう。 （　　　わ）

❸　ひよこは うしろから
なんわ いるでしょう。 （　　　わ）

こたえは
65ページ

月　日

10ぷん

なんばんめ ②

／100てん

1 いろを ぬりましょう。

1つ10〔30てん〕

❶　うしろから　3こ

［まえ］ ○○○○○○○○○○ ［うしろ］

❷　ひだりから　7ばんめ

［ひだり］ ○○○○○○○○○○ ［みぎ］

❸　みぎから　9こ

［ひだり］ ○○○○○○○○○○ ［みぎ］

2 8にんで　はしりました。かずきさんは　4とう
でした。

❶1つ20、❷❸1つ25〔70てん〕

1とう

❶　かずきさんは　うしろから
　なんばんめですか。

（　　　　　）ばんめ

❷　かずきさんより　おそかった
　ひとは　なんにんいますか。

（　　　　　）にん

❸　かずきさんの　まえの
　ひとは　なんとうですか。

（　　　　　）とう

こたえは
65ページ

いくつと いくつ

／100てん

1 ●の かずが ぜんぶで 5に なるように
●を かきましょう。

1つ10〔20てん〕

① 　②

2 したの えは、おはじきが どれも 6こ
あります。てで かくしたのは なんこですか。

1つ10
〔30てん〕

①　②　③

 こ　 こ　 こ

3 あわせて 8に なるように うえと したを
せんで むすびましょう。

1つ10〔50てん〕

① 　② 　③ 　④ 　⑤

あ 4　い 5　う 7　え 6　お 3

いくつと いくつ

／100てん

1 7この あめだまを したのように わけました。
□に あう かずを かきましょう。　1つ15〔30てん〕

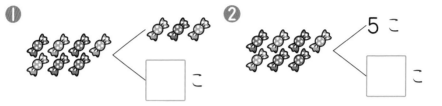

❶ □こ　　❷ 5こ　□こ

2 ひだりの ●の かずと みぎの かずが
あわせて 10に なるように、□に あう
かずを かきましょう。　1つ15〔30てん〕

❶ と □

❷ と □

3 □に あう すうじを かきましょう。　1つ10〔40てん〕

❶ 5は 4と □　　　❷ 7は □ と 3

❸ □ は 3と 5　　　❹ □ は 4と 2

こたえは 65ページ

20までの かず ①

/100てん

1 ( )に かずを かきましょう。　　1つ10〔40てん〕

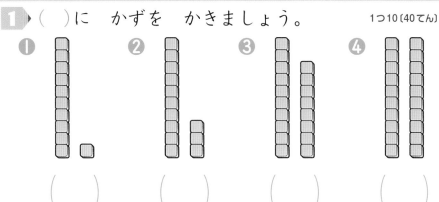

❶ (　　)　　❷ (　　)　　❸ (　　)　　❹ (　　)

2 ぼうの かずと あう すうじを せんで むすびましょう。　　1つ10〔40てん〕

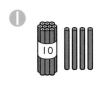　　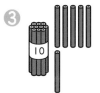　

❶・　　❷・　　❸・　　❹・

・　　・　　・　　・

あ 16　　い 14　　う 19　　え 15

3 □に あう かずを かきましょう。　　1つ10〔20てん〕

❶ 10と 2で □　　❷ 14は 10と □

20までの　かず　①

／100てん

1 ▶ ◼の　かずだけ　○を　ぬりましょう。　1つ10〔30てん〕

① 14

② 17

③ 19

2 ▶ おかねは　なんえん　あるでしょう。　1つ10〔30てん〕

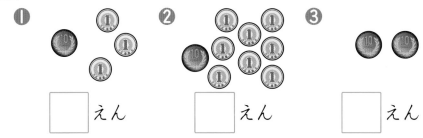

① [　] えん　② [　] えん　③ [　] えん

3 ▶ えを　みて、かずを　かきましょう。　1つ20〔40てん〕

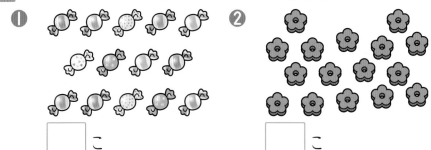

① [　] こ　② [　] こ

こたえは
65ページ

20までの　かず ②

／100てん

1 おおい　ほうに　○を　つけましょう。　1つ20〔60てん〕

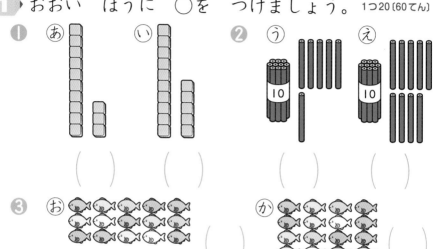

❶　あ　　　い　　　　❷　う　　　え

（　　）　　（　　）　　　　（　　）　　（　　）

❸　お　　　　　　　　　　　か

（　　）　　　　　　　　　　（　　）

2 かずのせんを　みて　こたえましょう。　1つ10〔40てん〕

7　　8　　9　　10　　11　　12　　13　　14　　15

❶　ひだりの　かずより　|　おおきい　かずを
　　□に　かきましょう。

　　あ　9 ⇨ □　　　　　い　13 ⇨ □

❷　ひだりの　かずより　|　ちいさい　かずを
　　□に　かきましょう。

　　あ　8 ⇨ □　　　　　い　15 ⇨ □

月　日

10ぷん

20までの　かず ②

／100てん

1 かずが　おおきい　ほうに　○を　つけましょう。

1つ10〔30てん〕

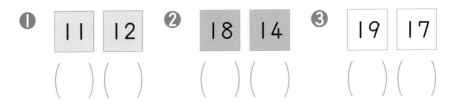

❶ | 11 | 12 |
　（　）（　）

❷ | 18 | 14 |
　（　）（　）

❸ | 19 | 17 |
　（　）（　）

2 □に　あう　かずを　かきましょう。　〔30てん〕

| 8 | □ | 12 | □ | 16 | □ |

3 かずのせんを　みて　こたえましょう。 1つ10〔40てん〕

0 1 2 3 4 5 6 7 8 9 10 11 12 13 14 15 16 17 18 19 20

❶ 12より　2　おおきい　かず　　（　　）

❷ 9より　5　おおきい　かず　　（　　）

❸ 10より　2　ちいさい　かず　　（　　）

❹ 16より　7　ちいさい　かず　　（　　）

こたえは
66ページ

100までの　かず ①

／100てん

1 したの　えを　みて、こたえましょう。

それぞれ(1)1つ20、(2)(3)1つ15〔100てん〕

❶

(1)　かいがらを　10こずつ　かこむと
　　かこみは　いくつ　できますか。（　　　　こ）

(2)　かこめなかった
　　かいがらは　なんこですか。（　　　　こ）

(3)　かいがらは　ぜんぶで
　　なんこですか。（　　　　こ）

❷

(1)　どんぐりを　10こずつ　かこむと
　　かこみは　いくつ　できますか。（　　　　こ）

(2)　かこめなかった
　　どんぐりは　なんこですか。（　　　　こ）

(3)　どんぐりは　ぜんぶで
　　なんこですか。（　　　　こ）

こたえは
66ページ

100までの かず ①

／100てん

1 ▶ □に あう かずを かきましょう。　〔20てん〕

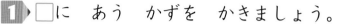
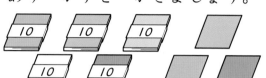

10まいの たばが 5つと、3まいの

かみが あるので □ まい。

2 ▶ ぼうるは なんこ あるでしょう。□に かずを
かきましょう。　〔20てん〕

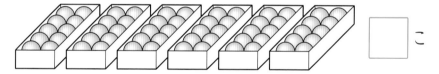

□ こ

3 ▶ □に あう かずを かきましょう。　1つ20〔60てん〕

❶ 10が 2こと 1が 9こで □

❷ 100は 10が □ こ

❸ 96は 90と □

こたえは
66ページ

100までの　かず ②

 月　日

 ／100てん

1 すうじを　かきましょう。　　　1つ20〔40てん〕

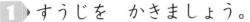

❶
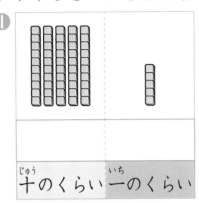

十のくらい　一のくらい

❷
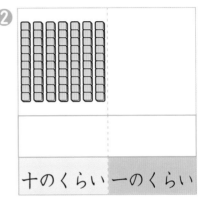

十のくらい　一のくらい

2 □に　あう　かずを　かきましょう。　1つ20〔40てん〕

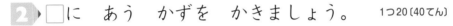

❶ 75 — 76 — □ — 78 — 79 — □ — 81

❷ 42 — 44 — □ — 48 — □ — □ — 54

3 おおい　ほうに　○を　つけましょう。　〔20てん〕

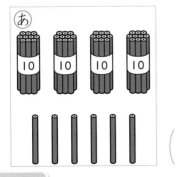
あ
（　）

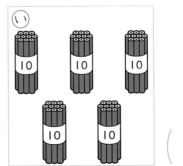
い
（　）

100までの かず ②

1 □に あう かずを かきましょう。　1つ10〔20てん〕

❶　72の 十のくらいの すうじは □ で、
一のくらいの すうじは □ です。

❷　十のくらいが 6で、一のくらいが 0の
かずは □ です。

2 □に あう かずを かきましょう。　1つ10〔20てん〕

❶　| 60 | □ | 70 | 75 | □ | □ | 90 |

❷　| 100 | □ | 80 | □ | 60 | 50 | □ |

3 かずの おおきい ほうに ○を つけましょう。

1つ15〔60てん〕

❶　32　38
( )　　( )

❷　59　61
( )　　( )

❸　88　78
( )　　( )

❹　90　40
( )　　( )

こたえは
66ページ

100までの かず ③

1 かずのせんを みて、ひだりに 4つ ちいさい かずを、みぎに 7つ おおきい かずを かきましょう。

1つ15〔30てん〕

```
40          50          60          70
```

① ☐ ◁ 55 ▷ ☐　　② ☐ ◁ 60 ▷ ☐

2 ☐に あう かずを かきましょう。 ☐1つ5〔70てん〕

1	2	3	4	5	6	7	8	9	10
11	12	ⓐ	14	15	16	17	18	19	20
21	22	23	24	25	ⓘ	27	28	29	ⓤ
31	32	33	34	ⓔ	36	37	38	39	40
41	42	43	44	45	46	ⓞ	48	49	50
ⓚ	52	53	54	55	56	57	58	Ⓚ	60
61	ⓙ	63	64	65	66	67	68	69	70
71	72	73	ⓗ	75	76	77	ⓒ	79	80
81	82	83	ⓢ	85	86	ⓛ	88	89	90
91	92	93	94	ⓢ	96	97	98	ⓢ	100

こたえは
67ページ

100までの かず ③

／100てん

1 なんえん ありますか。　　　1つ20〔40てん〕

❶ （　　　　えん）

❷ （　　　　えん）

2 おおい ほうに ○を つけましょう。

1つ20〔40てん〕

❶ （　　）

（　　）

❷ （　　）

（　　）

3 つぎの □に あう かずを かきましょう。

〔20てん〕

86えんは 10えんだま 8まいと

1えんだま □ まいです。

こたえは
67ページ

きほん 13 　100より　おおきい　かず

／100てん

1 □に　あう　かずを　かきましょう。　1つ25〔100てん〕

❶

10　10　　　10　10
10　10　10　　10　10　10

10 が ［　　］ こで　100

❷

10 が　10こで　［　　　　］ 、100と　5で　［　　　　］

❸

10 が　［　　］ こで　100、100と　［　　］ で　［　　　　］

❹　やじるしは　［　　　　］ を　さしています。

115　　　　　　　　　↓　　　　120

こたえは
67ページ

かくにん
13

100より　おおきい　かず

／100てん

1▶ なんえん　あるでしょう。　　1つ10〔30てん〕

❶ □ えん

❷ □ えん

❸ □ えん

2▶ □に　あう　かずを　かきましょう。　　1つ15〔30てん〕

❶ | 108 | 109 | | 111 | | |

❷ | | 80 | | | 110 | |

3▶ かずの　おおきい　ほうに　○を　つけましょう。

1つ20〔40てん〕

❶　109　105　　❷　112　116

（　）　（　）　　　（　）　（　）

こたえは
67ページ

きほん 14　かずの　まとめ

／100てん

1 えを　みて、かずを　かきましょう。　1つ10〔20てん〕

❶

□ こ

❷

| 10 | 10 | 10 | 10 |

□ まい

2 □に　あう　かずを　かきましょう。　1つ15〔60てん〕

❶　10と　6で　□

❷　10が　3こで　□

❸　10が　5こと　1が　7こで　□

❹　十のくらいが　8で　一のくらいが　9の

かずは　□

3 かずのせんを　みて、こたえましょう。　1つ10〔20てん〕

20　　30　　40　　50　　60

❶　30より　4　おおきい　かずは　□

❷　50より　5　ちいさい　かずは　□

10ぷん

かくにん 14

かずの まとめ

 ／100てん

1 かずの おおきい じゅんに ばんごうを
かきましょう。

1つ15〔30てん〕

❶
32	40	23

( )　( )　( )

❷
76	78	87

( )　( )　( )

2 □に あう かずを かきましょう。

1つ10〔30てん〕

❶
| 98 | 99 | | 101 | 102 | |

❷
| | 65 | 70 | | 80 | 85 |

❸
| 43 | | 41 | | 39 | 38 |

3 かずの おおきい ほうに ○を つけましょう。

1つ10〔40てん〕

❶　12 ⫧ 20

( )　　( )

❷　56 ⫧ 66

( )　　( )

❸　98 ⫧ 89

( )　　( )

❹　110 ⫧ 101

( )　　( )

こたえは
67ページ

きほん
15

ながさ　くらべ ①

/100てん

1 さくらさんと　あおいさ
んと　ゆうなさんが　せい
くらべを　しました。いち
ばん　せの　たかい　ひと
に　○を　つけましょう。

〔30てん〕

さくら　　あおい　　ゆうな

（　）（　）（　）

2 ながい　ほうに　○を　つけましょう。 1つ20〔40てん〕

❶
あ（　）
い（　）

❷
う（　）
え（　）

3 いちばん　ながい　ものに　○を　つけましょう。

〔30てん〕

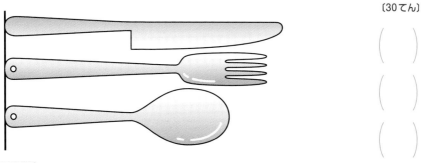

（　）
（　）
（　）

こたえは
68ページ

ながさ くらべ ①

1 てえぷで ながさ くらべを します。ながい ほうに ○を つけましょう。　〔20てん〕

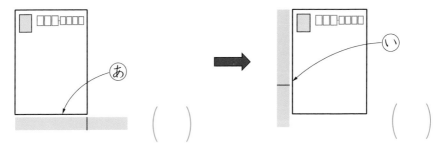

（　　）　　　　　　　　　（　　）

2 ながい ほうに ○を つけましょう。　1つ20〔40てん〕

❶　あ（　　）　い（　　）　　❷　う（　　）　え（　　）

3 ながい じゅんに 1、2、3、4の ばんごうを かきましょう。　〔40てん〕

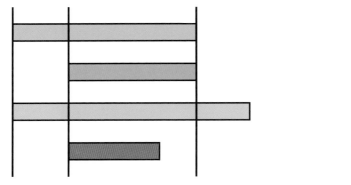

（　　）

（　　）

（　　）

（　　）

きほん 16 ながさ くらべ ②

／100てん

1 ながい ほうに ○を つけましょう。 〔30てん〕

あ ( )

い ( )

2 あと いでは どちらが どれだけ ながいでしょう。 〔30てん〕

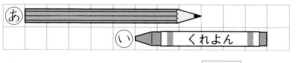

( )の ほうが めもり ☐ つぶん
ながい。

3 せの たかい じゅんに ばんごうを つけましょう。 〔40てん〕

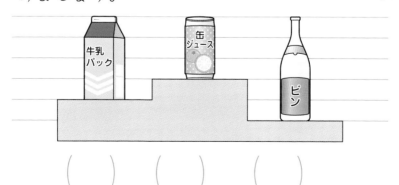

( ) ( ) ( )

ながさ くらべ ②

10ぷん

／100てん

1 ながさを しらべました。

1つ30〔60てん〕

> ・のうと　　たて…けしごむ　6つぶん
> 　　　　　　よこ…けしごむ　4つぶん
> ・きょうかしょ　たて…けしごむ　7つぶん
> 　　　　　　　　よこ…けしごむ　6つぶん

❶　のうとの　たてと　よこでは　どちらが
どれだけ　ながいでしょう。

(　　　　　)の　ほうが　けしごむ　□つ

ぶん　ながい。

❷　きょうかしょの　よこと　ながさが
おなじなのは
どこですか。　　　(　　　　　)の(　　　　)

2 ながい　じゅんに　あ、い、う、えを
ならべましょう。

〔40てん〕

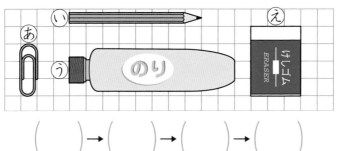

(　　)→(　　)→(　　)→(　　)

こたえは
68ページ

かさ　くらべ ①

／100てん

1 みずが　やかんより　おおく　はいる
いれものに　○を、やかんより　すくなく　はいる
いれものに　×を　つけましょう。　　　1つ25〔50てん〕

❶　あの　いれものは　やかんの　みずが
　とちゅうまでしか　はいりませんでした。

❷　いの　いれものは　やかんの　みずが
　あふれて　しまいました。

❶　　　　　　　　　　　❷

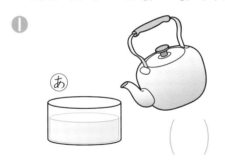

2 おおく　はいる　ほうに　○を　つけましょう。

あ　　　　　い　　　　　　　　　　　〔50てん〕

あ（　　）

い（　　）

かさ くらべ ①

／100てん

1 おおく はいる いれものに ○を
つけましょう。

1つ20〔40てん〕

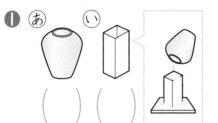

❶ あ　い

（　）（　）

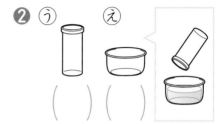

❷ う　え

（　）（　）

2 いれものに みずが はいって います。みずの
おおい じゅんに （ ）に ばんごうを
かきましょう。

1つ20〔40てん〕

❶
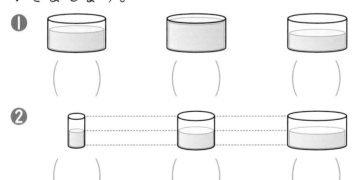

（　）　　　（　）　　　（　）

❷

（　）　　　（　）　　　（　）

3 いれものが ３つ
あります。いちばん
おおく みずが はいる
いれものに ○を
つけましょう。

〔20てん〕

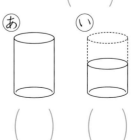
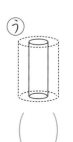

あ　　い　　う

（　）（　）（　）

こたえは
68ページ

きほん 18 かさ くらべ ②

／100てん

1 あと　いでは　どちらが　どれだけ　おおく
はいって　いるでしょう。　　　　　　〔40てん〕

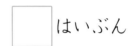

（　　　）の　ほうが　こっぷ　□　はいぶん

おおい。

2 いちばん　おおく　はいる　ものに　○を
つけましょう。　　　　　　　　　1つ30〔60てん〕

① あ 　い 　う

（　　　）　　　（　　　）　　　（　　　）

② え 　お 　か

（　　　）　　　（　　　）　　　（　　　）

10ぷん

かさ くらべ ②

／100てん

1 ⓐと ⓘでは どちらが どれだけ おおく
はいって いるでしょう。 〔30てん〕

ⓐ
こっぷで 4はい

ⓘ
こっぷで 6ぱい

（　　）の ほうが こっぷ ☐ はいぶん
おおい。

2 いちばん おおく はいる ものに ○を
つけましょう。 〔30てん〕

ⓐ
こっぷで 6ぱい （　　）

ⓘ
こっぷで 5はい （　　）

ⓤ
こっぷで 8ぱい （　　）

3 おおきな こっぷは ちいさな こっぷ 3ばい
ぶんです。どちらが おおく はいりますか。〔40てん〕

ⓐ

ⓘ

（　　）

こたえは
68ページ

きほん 19

ひろさ　くらべ

／100てん

1 ▶ 2まいの　たおるの　ひろさを　くらべます。
くらべかたで　よい　ものに　○を　つけましょう。

〔30てん〕

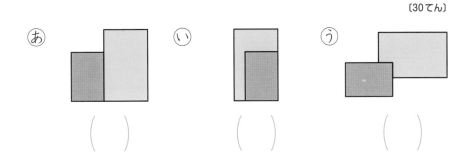

あ　　　　　　い　　　　　　う

（　　）　　　（　　）　　　（　　）

2 ▶ あと　いでは　どちらが　ひろいですか。　〔40てん〕

あ　　　　　い

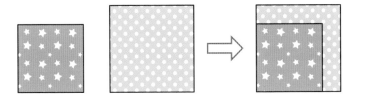

（　　）

3 ▶ あと　いでは　どちらが　ひろいですか。　〔30てん〕

あ　　　　　　　　　　　　い

（　　）

こたえは
68ページ

ひろさ くらべ

／100てん

1 どちらが どれだけ ひろいでしょう。 〔25てん〕

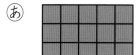 あ　　　　　　　　　い

（　　　）の ほうが たいる ☐ まいぶん

ひろい。

2 ■と ■では どちらの ほうが ひろいですか。
ひろい ほうの ☐を ○で かこみましょう。

1つ25〔50てん〕

❶ 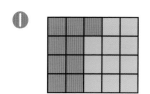　　　　　❷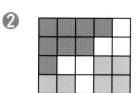

3 したの ☐の なかと ■の ひろさが おなじ
ものに ○を つけましょう。

〔25てん〕

　　あ 　い 　う

　　　　　　（　　　）

こたえは
68ページ

なんじ　なんじはん

/100てん

1　なんじでしょう。

1つ15〔45てん〕

じ	じはん	じ

2　せんで　むすびましょう。

1つ15〔45てん〕

あ 11じ　　い 5じはん　　う 3:00

3　みぎの　とけいに
ながい　はりを　かきましょう。

〔10てん〕

4じはん

なんじ　なんじはん

／100てん

1 なんじでしょう。

1つ15〔60てん〕

①

(　　　　　)

②

(　　　　　)

③

(　　　　　)

④

(　　　　　)

2 とけいに　ながい　はりを　かきましょう。

① 2じ

② 12じはん　1つ20〔40てん〕

こたえは
69ページ

なんじ　なんぷん

1 なんじ　なんぷんでしょう。　　　　1つ15〔45てん〕

①

□ じ

□ ぷん

②

□ じ

□ ふん

③

□ じ

□ ふん

2 せんで　むすびましょう。　　　　1つ15〔45てん〕

①

②

③

あ　2じ50ぷん　　　い　7じ25ふん　　　う　8:13

3 6じ5ふんに
なるように　みぎの
とけいに　ながい　はりを
かきましょう。　〔10てん〕

なんじ　なんぷん

1 なんじ　なんぷんでしょう。　　　　1つ15〔60てん〕

❶

(　　　　　)

❷

(　　　　　)

❸

(　　　　　)

❹

(　　　　　)

2 とけいに　ながい　はりを　かきましょう。　1つ20〔40てん〕

❶ ５じ20ぷん

❷ 10じ47ふん

こたえは
69ページ

月　日

10ぷん

ながさ、かさ、ひろさ、とけいの　まとめ

／100てん

1 ながさを　くらべます。

1つ20〔80てん〕

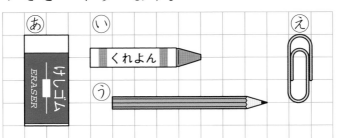

❶ あは　ますの　いくつぶんの
ながさですか。

(　　　　) つぶん

❷ あと　いでは　どちらが　ながい
ですか。

(　　　　)

❸ いちばん　ながいのは　あ〜えの
どれですか。

(　　　　)

❹ いちばん　みじかいのは
あ〜えの　どれですか。

(　　　　)

2 あと　いでは　どちらが　ひろいですか。　〔20てん〕

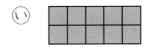

(　　　　)

こたえは
69ページ

かくにん 22　ながさ、かさ、ひろさ、とけいの　まとめ

／100てん

1　かさを　しらべます。

1つ20〔40てん〕

あ　　　い　　

❶　あと　いの　いれものには　こっぷ
なんはいぶん　はいって　いますか。

あ（　　　　）ばいぶん　　い（　　　　）はいぶん

❷　あと　いでは　どちらが　どれだけ　おおく
はいって　いますか。

（　　　　）の　ほうが　こっぷ　□はいぶん　おおい。

2　せんで　むすびましょう。

1つ20〔60てん〕

❶　　❷　　❸　

・　　　・　　　・

・　　　　　・　　　　　・

あ　8じ　　い　6じ10ぷん　　う　3:30

こたえは
69ページ

いろいろな　かたち ①

 月　　日

／100てん

1 えを　みて、にて　いる　かたちを　せんで
むすびましょう。 〔40てん〕

❶   ❷   ❸

⦅あ⦆   ⦅い⦆   ⦅う⦆

2 えを　みて、❶、❷の　かたちと　にて　いる
ものを　えらびましょう。 1つ30〔60てん〕

⦅あ⦆ ⦅い⦆ ⦅う⦆ ⦅え⦆ ⦅お⦆

⦅か⦆ ⦅き⦆ ⦅く⦆ ⦅け⦆

❶ つつの　かたち （　　　　　　　）

❷ はこの　かたち （　　　　　　　）

月　日

10ぶん

いろいろな　かたち ①

／100てん

1 つみきを　つみかさねました。いちばん　したに
ある　つみきに　○を　つけましょう。

〔30てん〕

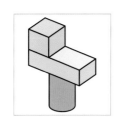
あ　
い　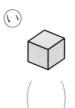
う　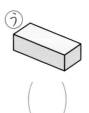

（　）　　（　）　　（　）

2 いろいろな　かたちの　つみきを　つみかさねて
います。それぞれ　つかった　つみきは　なんこ
でしょう。

1つ10〔40てん〕

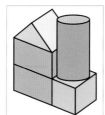
あ　い　う　え

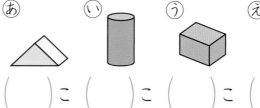

（　）こ（　）こ（　）こ（　）こ

3 したの　かたちに　つみかさねたとき　つかって
いない　つみきに　○を　つけましょう。　〔30てん〕

あ　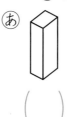
い　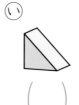
う　

（　）　　（　）　　（　）

こたえは
70ページ

きほん
24

いろいろな　かたち ②

／100てん

1 つぎの　ものを　うつしとって　できる
かたちを　せんで　むすびましょう。　〔25てん〕

① 　② 　③

あ 　　い 　　う

2 ひだりの　つみきを　うつしとりました。
できる　かたちに　○を　つけましょう。　1つ25〔75てん〕

① 　あ 　い 　う
（　）　（　）　（　）

② 　あ 　い 　う
（　）　（　）　（　）

③ 　あ 　い 　う
（　）　（　）　（　）

いろいろな　かたち ②

/100てん

1 したの　つみきで　うつしとれる　かたち
ぜんぶに　○を　つけましょう。　　〔30てん〕

あ　　　　い　　　　う　　　　え

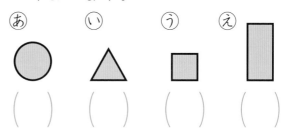

（　）　（　）　（　）　（　）

2 したの　つみきで　うつしとれない　かたちに
○を　つけましょう。　　〔30てん〕

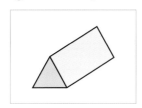

あ　　　　　い　　　　　う

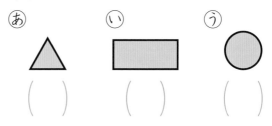

（　）　　（　）　　（　）

3 つみきで　うつしとって　したの　えを
かきました。つみきの　▢の　ところを　なんかい
うつして　かいたでしょう。　　〔40てん〕

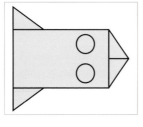

あ　　　　　い　　　　　う

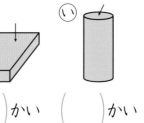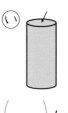

（　）かい　（　）かい　（　）かい

こたえは
70ページ

かたち づくり ①

/100てん

1 したの かたちは それぞれ ◢ を なんまい つかって いますか。

1つ20〔60てん〕

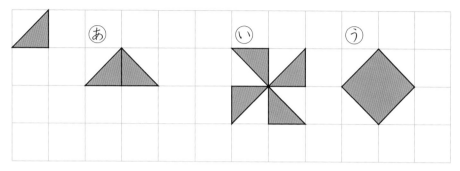

ⓐ ☐ まい　　ⓘ ☐ まい　　ⓤ ☐ まい

2 したの ⓐ〜ⓞを、◢ を 2まい つかって つくった ものと、3まい つかって つくった ものに わけましょう。

1つ20〔40てん〕

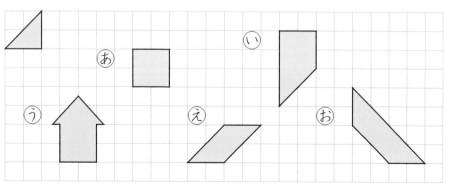

2まい（　　　　　）　3まい（　　　　　）

かくにん
25

かたち　づくり ①

／100てん

1 したの　かたちは　それぞれ 　を
なんまい　つかって　いますか。

1つ25〔50てん〕

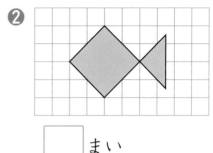

① □ まい

② □ まい

2 3ぼんの　せんを　ひいて、　を　4まい
つかった　かたちに　しましょう。

1つ25〔50てん〕

①

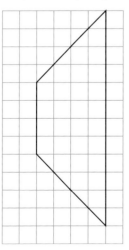

②

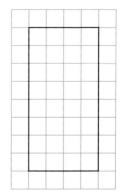

こたえは
70ページ

月　日

10ぷん

かたち　づくり ②

／100てん

1 ▶ ひだりの　かたちと　おなじ　かたちを
かきましょう。

1つ20〔40てん〕

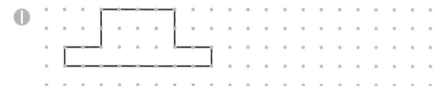

❶

❷

2 ▶ おなじ　かずの　ぼうで　できて　いる　ものを
せんで　むすびましょう。

1つ20〔60てん〕

❶　　　　　❷　　　　　❸

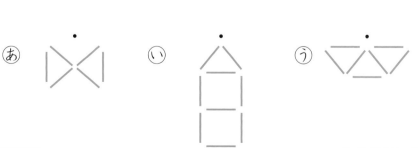

あ　　　　　い　　　　　う

こたえは
71ページ

かたち づくり ②

1 ひだりの　かたちと　おなじ　かたちを
かきましょう。　　　　　　　　　　〔30てん〕

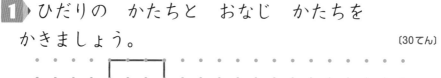

2 ひだりの　かたちに　ぼうを　くわえて
みぎの　かたちに　しました。なんぼん　ぼうを
くわえましたか。　　　　　　　　　〔30てん〕

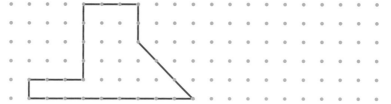

　ほん

3 ひだりの　かたちの　ぼうを　うごかして
みぎの　かたちに　しました。ひだりの　ずの
うごかした　ぼうに　○を　つけましょう。　〔40てん〕

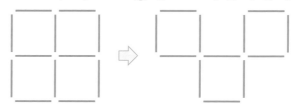

こたえは
71ページ

かたちの　まとめ

/100てん

1 ひだりの　かたちと　おなじ　ものに　○を
つけましょう。　　　　　　　　　　　〔10てん〕

（　　　）　　（　　　）　　（　　　）

2 いろいろな　かたちの　つみきを　つみかさねて
います。つかった　つみきは　それぞれ　なんこ
でしょう。　　　　　　　　　　1つ20〔60てん〕

（　　　）こ　（　　　）こ　（　　　）こ

3 ひだりの　つみきを　うつしとりました。できる
かたちに　○を　つけましょう。　1つ15〔30てん〕

❶

（　　　）　　（　　　）　　（　　　）

❷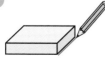

（　　　）　　（　　　）　　（　　　）

月　日　

かたちの　まとめ

／100てん

1 したの　かたちは　それぞれ　を　なんまい
つかって　いますか。

1つ20〔60てん〕

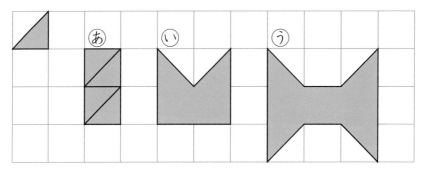

あ [　] まい　　い [　] まい　　う [　] まい

2 したの　かたちは　それぞれ　――の　ぼうを
なんぼん　つかって　いますか。

1つ10〔20てん〕

❶ 　　　　❷

[　] ほん　　　　　　　[　] ほん

3 ひだりの　かたちと　おなじ　かたちを
かきましょう。

〔20てん〕

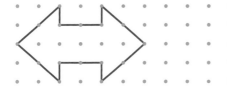

こたえは
71ページ

きほん 28

かず しらべ

／100てん

1 すいか、りんご、めろん、いちごが、それぞれ
なんこ あるか しらべます。ならべかえると
みぎのように なりました。

1つ20〔100てん〕

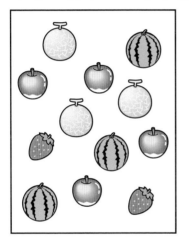

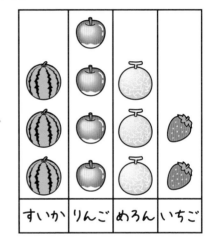

| すいか | りんご | めろん | いちご |

❶　めろんの かずは なんこですか。　　　　□ こ

❷　めろんと おなじ かずの
　くだものは なんですか。　　　　（　　　　　　）

❸　4こある くだものは
　なんですか。　　　　（　　　　　　）

❹　いちばん かずの すくな
　い くだものは なんですか。　　　　（　　　　　　）

❺　いちばん かずの おおい
　くだものは なんですか。　　　　（　　　　　　）

かず　しらべ

1 どうぶつが　それぞれ　なんびき　いるか
しらべます。　1つ20〔100てん〕

 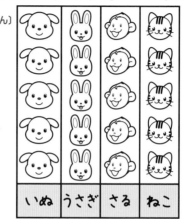

① ひだりの　ずの　どうぶつの　かずを
かぞえて、あてはまる　かずだけ　みぎの
ずの　どうぶつを　ぬりつぶしましょう。

② おなじ　かずの　どうぶつは、なにと
なにですか。　(　　　　　　　　)と(　　　　　　　　)

③ いぬと　ねこは、どちらの　ほうが　かずが
すくないですか。　(　　　　　　　　)

④ いちばん　かずの　おおい
どうぶつは　なんですか。　(　　　　　　　　)

⑤ いちばん　かずの　すくな
い　どうぶつは　なんですか。　(　　　　　　　　)

こたえは
71ページ

力だめし ①

 ／100てん

1▶ かずのせんを　みて、□に　あう　すうじを
かきましょう。　　　　　　　　　　　　〔10てん〕

0　　　　　　　　　　　　5　　　　　　　　　　　　10

2▶ □に　あう　すうじを　かきましょう。　1つ15(60てん)

❶ 3は 1と □　　　❷ 4は □ と 2

❸ □ は 1と 7　　　❹ □ は 2と 8

3▶ したの　えは　ゆうかさんの　かぞくです。
せの　たかい　じゅんに　ばんごうを　かきましょう。

〔30てん〕

ゆうかさん　　おとうと　　おかあさん　　おとうさん　　おねえさん

（　　）　　（　　）　　（　　）　　（　　）　　（　　）

力だめし ②

 ／100てん

1 えを　みて　こたえましょう。　❶1つ20、❷❸1つ15〔50てん〕

くるま　　　　　　　　　　ばす　　じてんしゃ

［まえ］  ［うしろ］

❶　くるまは　まえから
　　なんだい　ありますか。　　　　　（　　　　　だい　）

❷　じてんしゃは　うしろから
　　なんだい　ありますか。　　　　　（　　　　　だい　）

❸　ばすは　うしろから
　　なんだいめに　ありますか。　　　（　　　だいめ　）

2 したの　かたちを　みて、こたえましょう。

❶1つ20、❷❸1つ15〔50てん〕

❶　□は　なんこ　ありま
　　すか。　　　（　　　　　こ　）

❷　□は　なんこ　ありま
　　すか。　　　（　　　　　こ　）

❸　□と　□では、どちらが　ひろいですか。

（　　　　　　　　　　）

こたえは
72ページ

力だめし ③

 10ぷん

／100てん

1 おかねは いくら ありますか。　1つ10〔30てん〕

①   （　　　　　　　えん）

② （　　　　　　　えん）

③ （　　　　　　　えん）

2 かずが おおきい じゅんに ばんごうを
かきましょう。　1つ15〔30てん〕

① | 42 | 44 | 24 |
（　　）（　　）（　　）

② | 58 | 85 | 68 |
（　　）（　　）（　　）

3 なんじ なんぷんでしょう。　1つ20〔40てん〕

①

②

（　　　　　　　　）　　　（　　　　　　　　）

力だめし ④

／100てん

1 おおく　はいる　ほうに　○を　つけましょう。

1つ20〔40てん〕

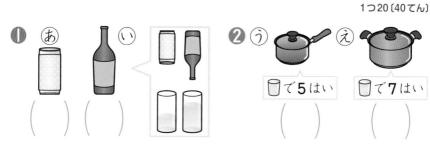

❶ ⓐ　　ⓘ

（　）（　）

❷ ⓤ　　ⓔ

🥛で **5**はい　　🥛で **7**はい

（　）　　（　）

2 したの　えで　□と　おなじ　かたちの
ものは　なんこ　ありますか。

1つ10〔20てん〕

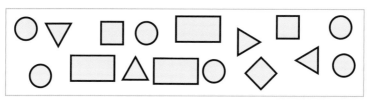

❶ △▷ □ こ　　　❷ ○▷ □ こ

3 つぎの　ものを　うつしとって　できる
かたちを　せんで　むすびましょう。

〔40てん〕

❶　　❷　　❸　　❹

ⓐ　　ⓘ　　ⓤ　　ⓔ

こたえは
72ページ

こたえ

1

3・4ページ

 ❶

❷ あ 🦋🦋🦋🦋🦋🦋
　 い 🌷🌷🌷🌷🌷🌷
　 う 🌷🌷🌷🌷🌷🌷

❸ うに ◯

★　★　★

❶ ❶ ●●●●●◯
❷ ●●●●●
　　●●◯◯◯

❷ ❶ 🐻🐻🐻🐻
　　🐟🐟🐟🐟🐟　□
　　　　　　　　◯

❷ 🐵🐵🐵🐵🐵
　🍌🍌🍌🍌🍌🍌　□
　　　　　　　　◯

❸ ✏✏✏✏✏✏✏✏
　📕📕📕📕📕　◯
　　　　　　　□

2

5・6ページ

❶ つぎのように　むすぶ。
　❶—い
　❷—え
　❸—あ
　❹—う

❷ ❶ 1 ●◯◯◯◯
　❷ 2 ●●◯◯◯
　❸ 3 ●●●◯◯
　❹ 4 ●●●●◯
　❺ 5 ●●●●●

❸ ❶ 2こ
　❷ 3こ
　❸ 5わ

★　★　★

❶ つぎのように　むすぶ。
　❶—う
　❷—あ
　❸—い

❷ 1—2—3—4—5

❸ ❶ ( ) (◯)
　❷ (◯) ( )
　❸ ( ) (◯)
　❹ ( ) (◯)

3

1 ▶ つぎのように むすぶ。

   ❶—え

   ❷—あ

   ❸—う

   ❹—い

2 ▶

6	●●●●●●○○○○
8	●●●●●●●●○○
10	●●●●●●●●●●

3 ▶ ❶ 10ぽん   ❷ 7さつ

   ❸ 9こ

★ ★ ★

1 ▶ つぎのように むすぶ。

   ❶—い

   ❷—あ

   ❸—う

2 ▶ 10—9—8—7—6—5—4
  —3

3 ▶ ❶ ( ) (○)

   ❷ ( ) (○)

   ❸ ( ) (○)

   ❹ (○) ( )

4

1 ▶ つぎのように むすぶ。

   ❶—う

   ❷—い

   ❸—あ

2 ▶

| 7 | ●●●●●●●○○○ |
| 0 | ○○○○○○○○○○ |

3 ▶ ❶ 4こ   ❷ 2こ

   ❸ 0こ   ❹ 8

   ❺ 0

てびき 1つもないことを0と表します。「何もないから0だね。」などと声を掛けてあげましょう。数が1つずつ減っていく場面を設定してみると、より理解しやすくなるかもしれません。

★ ★ ★

1 ▶ つぎのように むすぶ。

   ❶—い

   ❷—う

   ❸—あ

2 ▶ 0—1—2—3—4—5—6—
  7

3 ▶ ❶ 0→5→8

   ❷ 2→4→7→10

5

1 ▶ ❶

   ❷

2 ▶ ❶ 1ばんめ   ❷ 4ばんめ

   ❸ 2ばんめ   ❹ 4ばんめ

   ❺ ねこ

★ ★ ★

1 ▶ ❶ 4ばんめ   ❷ 5ばんめ

2 ▶ ❶ 3ばんめ

   ❷ らいおん

   ❸ (うえから) 2ばんめ

      (したから) 4ばんめ

6

13・14ページ

1 ❶
　❷

2 ❶ 6ばんめ　❷ 5わ
　❸ 3わ

（てびき）**1** 前から「4台」と前から
「4台目」の違いに注意します。前か
ら4台は、1台目から4台目すべ
てに色を塗ります。前から4台目
は4台目だけに色を塗ります。

★　★　★

1 ❶ ［まえ］○○○○○○○●●●［うしろ］
　❷ ［ひだり］○○○○○○●○○○○［みぎ］
　❸ ［ひだり］●●●●●●●●●●●［みぎ］

2 ❶ 5ばんめ　❷ 4にん
　❸ 3とう

7

15・16ページ

1 ❶ ●●●●
　❷ ●●

2 ❶ 3こ　❷ 4こ
　❸ 1こ

3 つぎのように　むすぶ。
　❶─⑤　　　❷─ⓔ
　❸─ⓘ　　　❹─ⓐ
　❺─ⓞ

（てびき）ここでは1けたの数につい
て、数の分解を勉強します。数の分
解は1年生で学習するくり上がり

のあるたし算や、くり下がりのある
ひき算を考える上での基礎となりま
す。しっかり勉強しておきましょう。

★　★　★

1 ❶ 4こ　　❷ 2こ
2 ❶ 6　　　❷ 3
3 ❶ 1　　　❷ 4
　❸ 8　　　❹ 6

8

17・18ページ

1 ❶ 11　　❷ 13
　❸ 18　　❹ 20

2 つぎのように　むすぶ。
　❶─ⓘ　　　❷─ⓔ
　❸─ⓐ　　　❹─⑤

3 ❶ 12　　❷ 4

（てびき）20までの数を勉強します。
10より大きい数は「10といくつ」
の形で考えます。12なら、「10と
2で12」と考えましょう。この考
え方がわかれば、20より大きな数
についても同じように考えることが
でき、理解もスムーズでしょう。

★　★　★

1 ❶ ●●●●●●●●●●
　　　●●●●○○○○○○
　❷ ●●●●●●●●●●
　　　●●●●●●●○○○
　❸ ●●●●●●●●●●
　　　●●●●●●●●●○
2 ❶ 13えん　❷ 18えん
　❸ 20えん
3 ❶ 14こ　　❷ 16こ

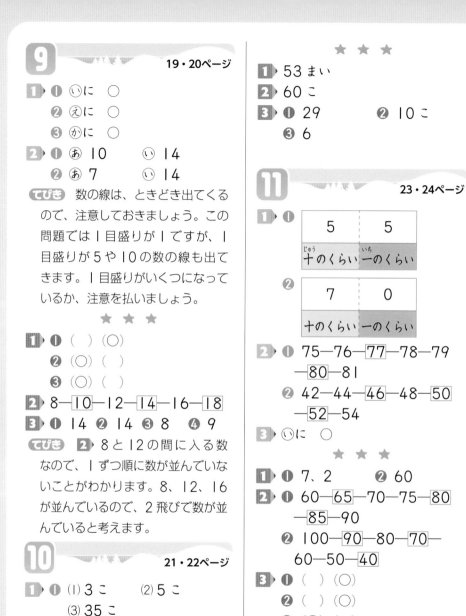

9

1 ❶ ⓘに ○

　❷ ⓔに ○

　❸ ⓚに ○

2 ❶ ⓐ 10　　ⓘ 14

　❷ ⓐ 7　　ⓘ 14

てびき 数の線は、ときどき出てくる
ので、注意しておきましょう。この
問題では1目盛りが1ですが、1
目盛りが5や10の数の線も出て
きます。1目盛りがいくつになって
いるか、注意を払いましょう。

★ ★ ★

1 ❶ （　）（○）

　❷ （○）（　）

　❸ （○）（　）

2 8—10—12—14—16—18

3 ❶ 14 ❷ 14 ❸ 8 ❹ 9

てびき 2 8と12の間に入る数
なので、1ずつ順に数が並んでいな
いことがわかります。8、12、16
が並んでいるので、2飛びで数が並
んでいると考えます。

10

21・22ページ

1 ❶ (1) 3こ　　(2) 5こ

　　(3) 35こ

　❷ (1) 4こ　　(2) 0こ

　　(3) 40こ

てびき 数え間違いを少なくする意味
からも、10のまとまりを囲むなど、
工夫して数えましょう。

★ ★ ★

1 53まい

2 60こ

3 ❶ 29　　　　❷ 10こ

　❸ 6

11

23・24ページ

1 ❶

5	5
十のくらい	一のくらい

　❷

7	0
十のくらい	一のくらい

2 ❶ 75—76—77—78—79
　—80—81

　❷ 42—44—46—48—50
　—52—54

3 ⓘに ○

★ ★ ★

1 ❶ 7、2　　❷ 60

2 ❶ 60—65—70—75—80
　—85—90

　❷ 100—90—80—70—
　60—50—40

3 ❶ （　）（○）

　❷ （　）（○）

　❸ （○）（　）

　❹ （○）（　）

てびき 2 ❶ 70、75から、5飛
びで増えているのがわかります。

❷ 60、50から、10飛びで減って
いるのがわかります。

12

25・26ページ

1 ❶ （ひだりから　じゅんに）
　　51、62
　❷ （ひだりから　じゅんに）
　　56、67

2 ㋐ 13　　　　㋑ 26
　㋒ 30　　　　㋓ 35
　㋔ 47　　　　㋕ 51
　㋖ 59　　　　㋗ 62
　㋘ 74　　　　㋙ 78
　㋚ 84　　　　㋛ 87
　㋜ 95　　　　㋝ 99

★　★　★

1 ❶ 80 えん
　❷ 37 えん
2 ❶ （　）　　　❷ （○）
　　（○）　　　　　（　）
3 6

13

27・28ページ

1 ❶ 10
　❷ 100、105
　❸ 10、10、110
　❹ 118

てびき　1年では 120 くらいの数ま
　でを扱います。1から 120 までは
　必ず数えられるようにしておきまし
　ょう。

★　★　★

1 ❶ 107 えん　❷ 113 えん
　❸ 114 えん

2 ❶ 108―109―110―111
　　―112―113
　❷ 70―80―90―100―
　　110―120
3 ❶ （○）（　）
　❷ （　）（○）

14

29・30ページ

1 ❶ 21 こ　　❷ 43 まい
2 ❶ 16　　　❷ 30
　❸ 57　　　❹ 89
3 ❶ 34　　　❷ 45

★　★　★

1 ❶ （ひだりから　じゅんに）
　　2、1、3
　❷ （ひだりから　じゅんに）
　　3、2、1

2 ❶ 98―99―100―101―
　　102―103
　❷ 60―65―70―75―80
　　―85
　❸ 43―42―41―40―39
　　―38

3 ❶ （　）（○）
　❷ （　）（○）
　❸ （○）（　）
　❹ （○）（　）

てびき　数の大小を比べるときは、一
　番大きな位の数から順に比べていき
　ます。一番大きな位の数が同じだっ
　たら、その次に大きな位の数を比べ
　ましょう。

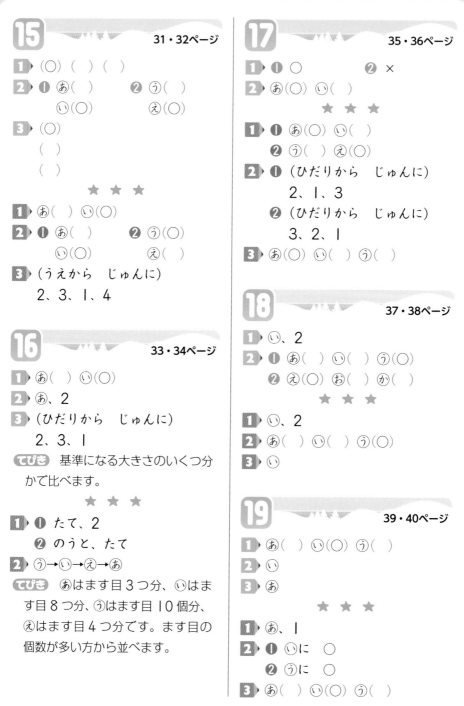

15

31・32ページ

1 (○) ( ) ( )

2 ❶ あ( )　　　❷ う( )
　　　い(○)　　　　　え(○)

3 (○)
　　( )
　　( )

★　★　★

1 あ( )　い(○)

2 ❶ あ( )　　　❷ う(○)
　　　い(○)　　　　え( )

3 (うえから　じゅんに)
　　2、3、1、4

16

33・34ページ

1 あ( )　い(○)

2 あ、2

3 (ひだりから　じゅんに)
　　2、3、1

てびき 基準になる大きさのいくつ分
かで比べます。

★　★　★

1 ❶ たて、2
　　❷ のうと、たて

2 う→い→え→あ

てびき あはます目3つ分、いはま
す目8つ分、うはます目10個分、
えはます目4つ分です。ます目の
個数が多い方から並べます。

17

35・36ページ

1 ❶ ○　　　　　　❷ ×

2 あ(○) い( )

★　★　★

1 ❶ あ(○) い( )
　　❷ う( ) え(○)

2 ❶ (ひだりから　じゅんに)
　　2、1、3
　　❷ (ひだりから　じゅんに)
　　3、2、1

3 あ(○) い( ) う( )

18

37・38ページ

1 い、2

2 ❶ あ( ) い( ) う(○)
　　❷ え(○) お( ) か( )

★　★　★

1 い、2

2 あ( ) い( ) う(○)

3 い

19

39・40ページ

1 あ( ) い(○) う( )

2 い

3 あ

★　★　★

1 あ、1

2 ❶ いに　○
　　❷ うに　○

3 あ( ) い(○) う( )

20

1 ① 7 じ
② 7 じはん
③ 10 じ

2 つぎのように　むすぶ。
①—⑤
②—あ
③—⑥

3

てびき ここでは、何時、何時半を勉強します。時計を読むことが苦手なお子さんが増えています。この機会にしっかり学習しておきましょう。

★ ★ ★

1 ① 6 じ　　② 4 じ
③ 2 じはん
④ 9 じはん

2 ① 　②

てびき **1** ③④ 2 じはん、9 じはんは、それぞれ、2 じ 30 ぷん、9 じ 30 ぷんも正解です。

21

1 ① 7 じ 40 ぷん
② 9 じ 35 ふん
③ 12 じ 27 ふん

2 つぎのように　むすぶ。
①—⑥
②—あ
③—⑤

3

★ ★ ★

1 ① 5 じ 10 ぷん
② 10 じ 45 ふん
③ 3 じ 32 ふん
④ 11 じ 18 ふん

2 ①
②

22

1 ① 4 つぶん　② ⑥
③ ⑤　　　　④ え

2 あ

★ ★ ★

1 ① あ 3 ばいぶん
⑥ 5 はいぶん
② ⑥、2

2 つぎのように　むすぶ。
①—⑤
②—あ
③—⑥

23

1 つぎのように むすぶ。

⓵—ⓤ

②—ⓘ

③—ⓐ

2 ❶ ⓐ、ⓔ、ⓚ

❷ ⓘ、ⓕ、ⓙ

てびき １年では、箱の形、さいころ
の形、筒の形、ボールの形を学習し
ます。身の回りにこの形がないか、
探してみましょう。

★ ★ ★

1 ⓐ(○) ⓘ( ) ⓤ( )

2 ⓐ １こ　　　ⓘ １こ
ⓤ ２こ　　　ⓔ １こ

3 ⓐ( ) ⓘ( ) ⓤ(○)

24

49・50ページ

1 つぎのように むすぶ。

⓵—ⓤ

②—ⓘ

③—ⓐ

2 ❶ ⓐ( ) ⓘ( ) ⓤ(○)

❷ ⓐ(○) ⓘ( ) ⓤ( )

❸ ⓐ( ) ⓘ(○) ⓤ( )

てびき いろいろな形を写し取ってで
きるのは、四角、三角、丸などです。
身の回りにある形を、画用紙などに
写し取ってみましょう。

★ ★ ★

1 ⓐ( ) ⓘ( ) ⓤ(○) ⓔ(○)

2 ⓐ( ) ⓘ( ) ⓤ(○)

3 ⓐ １かい

ⓘ ２かい

ⓤ ４かい

てびき **1** 箱の形からは、どこをと
っても、丸や三角は写し取れないこ
とに注意しましょう。

25

51・52ページ

1 ⓐ２まい

ⓘ４まい

ⓤ４まい

2 ２まい(ⓐ、ⓔ)

３まい(ⓘ、ⓤ、ⓞ)

★ ★ ★

1 ❶ ５まい　　　❷ ５まい

2 ❶

または

❷

(上の４つ、どれでも
せいかい。)

26

53・54ページ

1 ❶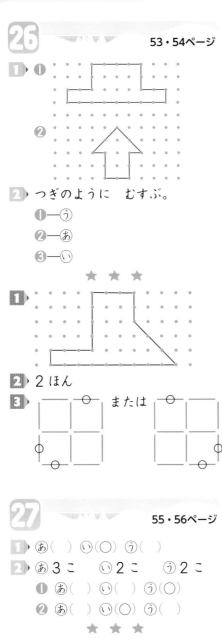

❷

2 つぎのように　むすぶ。

❶—⑨

❷—⑥

❸—⑥

★　★　★

1

2 2ほん

3 ［図］　または　［図］

27

55・56ページ

1 ⑧（　）　⑥（○）　⑨（　）

2 ⑧3こ　⑥2こ　⑨2こ

❶ ⑧（　）　⑥（　）　⑨（○）

❷ ⑧（　）　⑥（○）　⑨（　）

★　★　★

1 ⑧4まい　⑥6まい

⑨10まい

2 ❶ 8ほん　❷ 12ほん

28

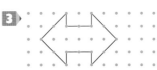

57・58ページ

1 ❶ 3　❷ すいか

❸ りんご　❹ いちご

❺ りんご

てびき 身の回りにあるものの数を調べて、絵グラフにまとめてみましょう。数を正確に把握することは、日常生活でも、とても重要なことです。

★　★　★

1 ❶ つぎのように　いろを

ぬる。

❷ いぬ　と　さる

❸ いぬ　❹ ねこ　❺ うさぎ

てびき 数え漏れがないようにする工夫をしましょう。1つずつばらばらに絵グラフを塗っていくのでもかまいませんが、犬なら犬の数を数えて、動物ごとに塗っていくと、数え間違いや塗り間違いが減るかもしれません。

29

1 (ひだりから じゅんに)
　　2、6、8
2 ❶ 2
　　❷ 2
　　❸ 8
　　❹ 10
3 (ひだりから じゅんに)
　　4、5、2、1、3

てびき 数の分解は1年生で学習するくり上がりのあるたし算や、くり下がりのあるひき算を考える上での基礎となります。しっかり確認しておきましょう。

30

60ページ

1 ❶ 2だい
　　❷ 3だい
　　❸ 4だいめ
2 ❶ 8こ
　　❷ 7こ
　　❸ ▨

てびき 前から「何台」と前から「何台目」の違いに注意します。たとえば、前から4台は、1台目から4台目をさします。前から4台目は4台目だけをさします。違いに注意しましょう。

31

61ページ

1 ❶ 57えん
　　❷ 93えん
　　❸ 115えん
2 ❶ (ひだりから じゅんに)
　　2、1、3
　　❷ (ひだりから じゅんに)
　　3、1、2
3 ❶ 11じ40ぷん
　　❷ 3じ52ふん

てびき 1年生では120くらいの数までを扱います。2年生では10000までの数を学習しますので、120までは必ず数えられるようにしておきましょう。

32

62ページ

1 ❶ あ（ ）い（○）
　　❷ う（ ）え（○）
2 ❶ 4こ
　　❷ 6こ
3 つぎのように むすぶ。
　　❶—う
　　❷—え
　　❸—あ
　　❹—い

てびき **1** ❶にしても、❷にしても、同じ大きさの入れ物で比べていることに注意しましょう。

3 2 1 0 9 8 7 6 5 4
* * D C B A